BEI GRIN MACHT SICH IHR WISSEN BEZAHLT

- Wir veröffentlichen Ihre Hausarbeit,
  Bachelor- und Masterarbeit

- Ihr eigenes eBook und Buch -
  weltweit in allen wichtigen Shops

- Verdienen Sie an jedem Verkauf

Jetzt bei www.GRIN.com hochladen
und kostenlos publizieren

Bibliografische Information der Deutschen Nationalbibliothek:

Die Deutsche Bibliothek verzeichnet diese Publikation in der Deutschen National-
bibliografie; detaillierte bibliografische Daten sind im Internet über http://dnb.d-
nb.de/ abrufbar.

Impressum:

Copyright © 2017 GRIN Verlag, Open Publishing GmbH
Druck und Bindung: Books on Demand GmbH, Norderstedt Germany
ISBN: 9783668425897

Dieses Buch bei GRIN:

http://www.grin.com/de/e-book/357226/generative-fertigungsverfahren-technologie-
design-konstruktion

Marcus Müller

Generative Fertigungsverfahren. Technologie, Design, Konstruktion

GRIN Verlag

Generative Fertigungsverfahren

-

Technologie, Design, Konstruktion

Eine Übersicht der Verfahren

und ihrer betrieblichen Einsatzmöglichkeiten

von

Marcus Müller

30.03.2017

Inhaltsverzeichnis

Abbildungsverzeichnis

Formel- und Abkürzungsverzeichnis

Kurzzeichen	Einheit	Benennung
LOM		Laminated Object Manufacturing
FDM		Fused Deposition Modeling
ABS		Acrylnitrit-Butadien-Styrol
PC		Polycarbonat
PLA		Polylactid
3DP		3D-Printing
SLS		Selektives Lasersintern
PA		Polyamid
PS		Polystyrol
PEEK		Polyetheretherketon
SLM		Selective Laser Melting
MS		Mask Sintering
PJM		Poly-Jet Modeling
	MPa	Megapascal (Druck); 1 MPa = 1 N/mm²
	°C	Grad Celsius (Temperatur)
FEM		Finite Elemente Methode
SKO		Soft Kill Option
CAO		Computer Aided Optimization

1. Einleitung

Generative Fertigungsverfahren, das ist doch nur etwas für die großen Unternehmen, die sich diese ganzen teuren Maschinen leisten können! Oder für die Freaks, die sich einen Druckerbausatz kaufen und ihn in ihrer Garage zusammenbauen! Warum können sich nicht auch die klassischen mittelständischen Unternehmen auf diese Technologie einlassen? Diese Frage habe ich mir als Maschinenbauingenieur bei einem Mittelständler auch gestellt und bin zu dem Schluss gekommen: Generative Fertigungsverfahren können von jedermann verwendet werden, von der interessierten Privatperson, die individuelle Dinge haben möchte, über kleine und mittelständische Unternehmen ohne großes Budget für teure Neuanschaffungen bis hin zu führenden Konzernen, die Pioniersarbeit leisten. Mit dieser Abhandlung sollen Personen angesprochen werden, die sich für die Technologien interessieren und diese im professionelleren privaten Umfeld oder im betrieblichen Bereich einsetzen möchten, ohne jedoch dicke Bücher über die genaue Zusammensetzung der verwendeten Materialien wälzen zu wollen oder ein dickes Budget für Industriemaschinen und Forschung haben.

Zuerst wird ein Überblick über den aktuellen Stand der Fertigungsverfahren gegeben. Anschließend wird erklärt, worauf es bei der Konstruktion und Auslegung von Bauteilen ankommt, die generativ gefertigt werden und schließlich wird ein Ausblick gegeben, was wir in Zukunft von generativen Fertigungsverfahren erwarten können.

2. Funktionsweise der generativen Fertigungsverfahren

2.1. Einsatzgebiete von generativen Verfahren

„»Generieren« stammt vom lateinischen Wort »generare« ab, was so viel bedeutet wie: erzeugen, hervorbringen, umformen" ([1], S. 11). Diese Bezeichnung wird in der Abhandlung als Überbegriff für alle Schichtbauverfahren verwendet, die von unterschiedlichen Maschinenherstellern und Dienstleistern diverse Bezeichnungen erhalten haben. Der Begriff ist auch durch die VDI-Richtlinie 3404 für diese Herstellungsverfahren belegt (vgl. [1], S. 11).

Sind bei einem Produkt bestimmte Voraussetzungen erfüllt, bietet es sich an, das Teil generativ herzustellen. Sollten mehrere der folgenden Voraussetzungen Anwendung finden, ist es sogar nahezu unmöglich das Teil konventionell zu fertigen (vgl. [1], S. 14).

Eine dieser Voraussetzungen ist die Funktionsintegration, also das Ziel, möglichst viel Funktionalität abzubilden und dabei möglichst wenige Baugruppen verwenden. Mithilfe der generativen Fertigungsverfahren ist es möglich, mehrere funktionelle Teile einer Baugruppe innerhalb eines Fertigungsschrittes herzustellen und somit die Montage zu verschlanken. Besonders gut lassen sich mit den generativen Verfahren einfache Bauteile wie Scharniergelenke oder Federn integrieren. Je nach verwendetem Material, Auslegung und Einsatzfall können selbst mit günstigsten Materialien hergestellte Teile eine extrem hohe Lebensdauer erreichen. Eine sehr praktikable Lösung kann es auch sein, günstige Normteile in eine personalisierte oder angepasste Hülle aus generativer Fertigung einzusetzen (vgl. [1], S. 14f).

Ein weiteres Einsatzgebiet für generative Fertigungsverfahren ist der Bau von komplexen Geometrien. Da dreidimensionale Strukturen, die über Freiformflächen, Hinterschnitte und Hohlräume verfügen, mit konventionellen Fertigungsverfahren nur unter großen Problemen und völlig unwirtschaftlich herstellbar sind, können hier generative Fertigungsverfahren ihren Vorteil ausspielen. Dieser besteht in der Möglichkeit, jede mit der CAD-Software erzeugbare

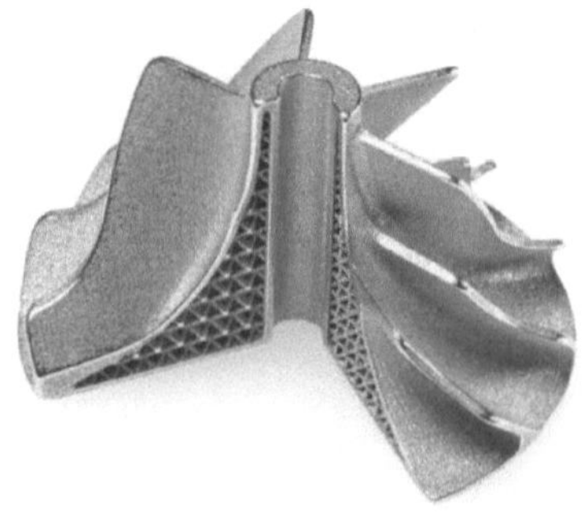

[1] Turbine mit komplexer Geometrie

Form, zu produzieren (vgl. [1], S. 16).

Als letzter Aspekt spielt die Individualisierung eine große Rolle, um zu generativen Fertigungsverfahren anstelle der konventionellen Fertigung zurückzugreifen. Die

[2] Generativ gefertigte Beinprothese

Kunden streben nach immer individuelleren Produkten, die Hersteller müssen allerdings auch in Massen produzieren, um die Produkte zu konkurrenzfähigen Preisen anbieten zu können. Um hier nicht in den Konflikt der gegensätzlichen Zielsetzungen zu geraten, können die Verfahren der generativen Fertigung eingesetzt werden. Hiermit kann eine sogenannte *Mass Customization* erreicht werden. Dabei können entweder die Kunden aktiv am Gestaltungsprozess teilhaben oder es werden Teile nach Kundenwunsch auf Basis von beispielsweise Daten aus 3D-Scans umgesetzt. Die Kundenwünsche lassen sich mithilfe der generativen Fertigungsverfahren einfach und meist ohne höhere Kosten umsetzen (vgl. [1], S. 16f).

Zu beachten ist jedoch, dass generativ gefertigte Teile auch Nachteile mit sich bringen. Vergleicht man die Teile aus generativen Fertigungsverfahren mit denen von konventionellen Verfahren, kommt es stark auf die Geometrie an. Geometrisch einfache Fräs- oder Drehteile sind dann oft günstiger und schneller herzustellen, wenn sie konventionell gefertigt werden. Weiterhin kommt hinzu, dass die erreichbare Genauigkeit von generativ gefertigten Teilen bei Weitem noch nicht an die Genauigkeit von konventionell hergestellten Teilen heranreicht und die Oberfläche je nach Ausrichtung durch die Stufenform auch deutlich rauer ist. Die mechanische Belastbarkeit von generativ gefertigten Teilen lässt sich ebenfalls bisher noch nicht mit der von konventionell gefertigten Teilen vergleichen (vgl. [1], S. 18).

Dafür kann man jedoch bei der Konstruktion von Produkten die bisher so wichtigen Normen und Regeln zurückstellen und sich mehr auf das Design konzentrieren. Die bisherigen Schritte, dass der Industriedesigner ein Produkt designt und der Konstrukteur es fertigungsgerecht umsetzt, können nun überarbeitet werden. Bei Verwendung von generativen Verfahren arbeiten Designer und Konstrukteure Hand in Hand und entwickeln einen Prototyp, welcher dann auch schon gleichzeitig ein fertiges Produkt sein kann (vgl. [1], S. 19).

2.2. Generelle Funktionsweise

Mittlerweile gibt es sehr viele unterschiedliche Verfahren zur Herstellung von Produkten mittels generativer Fertigungstechniken. Diese haben allerdings alle die Gemeinsamkeit der schichtweisen Erstellung der Modelle. Sie unterscheiden sich darin, wie die Schichten verfestigt werden und welches Material verwendet werden kann. Die unterschiedlichen Verfahren können jedoch in Unterkategorien eingeteilt werden (Abb. 3) (vgl. [1], S. 25).

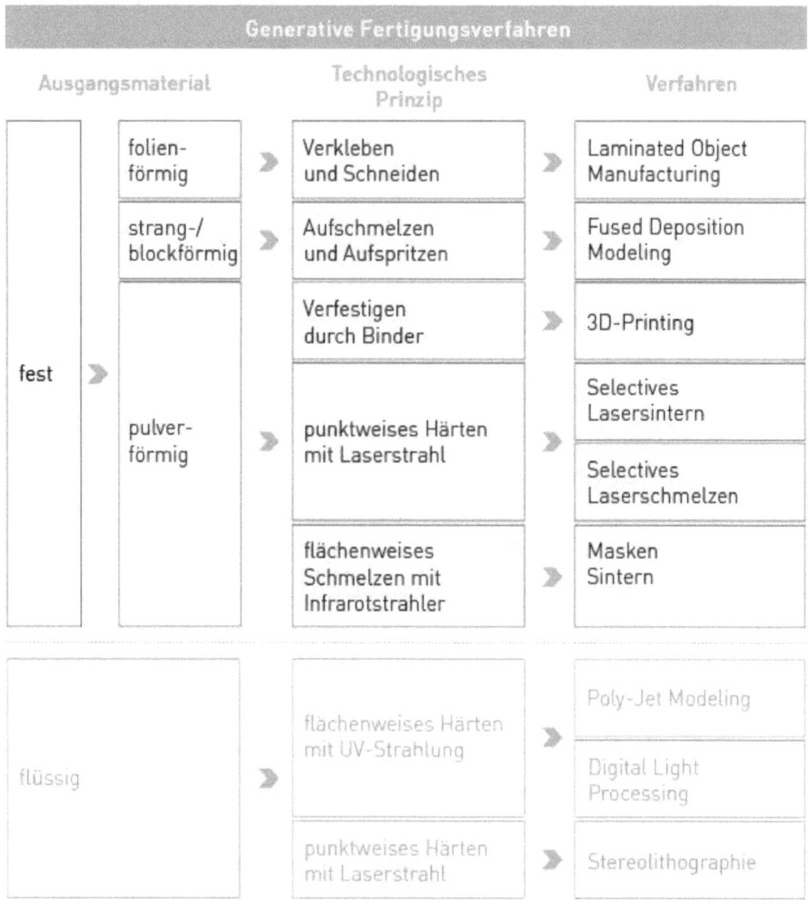

[3] Einteilung generativer Verfahren

3. Überblick über die Fertigungsverfahren

3.1. Laminated Object Manufacturing (LOM)

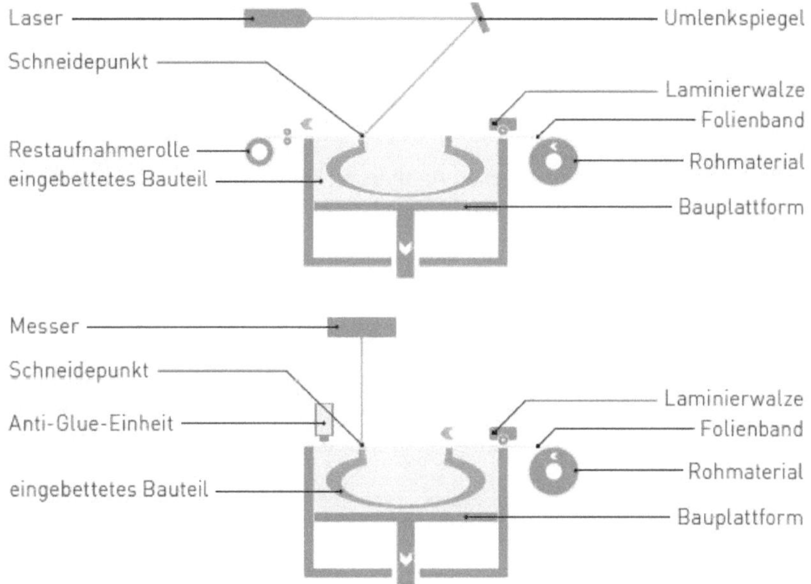

[4] Funktionsweise Laminated Object Manufacturing

Beim Laminated Object Manufacturing werden Folien schichtweise aufeinander laminiert. Anschließend werden nach dem Auflaminieren jeder einzelnen Schicht die Konturen um das Objekt mittels Laser; Messer oder manchmal auch Heißdraht ausgeschnitten. Das Material, welches das Objekt umgibt, wird ebenfalls zertrennt, um das Produkt nach dem Fertigungsprozess vom ungebundenen Restmaterial entfernen zu können (vgl. [1], S. 36).

3.1.1. Vorteile

- Die Baugeschwindigkeit ist in der Regel nicht abhängig von der Größe des Produktes, was gerade bei größeren Teilen eine schnelle Herstellung ermöglicht.
- Die fertigen Teile haben wegen der schichtweisen Herstellung durch Laminieren kaum innere Spannungen.

(vgl. [1], S. 36)

3.1.2. Nachteile

- Die mechanischen Eigenschaften sind stark von der Baurichtung abhängig.
- In Z-Richtung ist es kaum möglich, dünne Wandstärken herzustellen
- Das umliegende Restmaterial ist je nach Geometrie des Objekts schwer zu entfernen und lässt sich auch nicht mehr wiederverwenden.

(vgl. [1], S. 37)

3.1.3. Ausblick

Da das Verfahren in der Praxis selten Anwendung findet, wird auch in die Weiterentwicklung nur wenig investiert (vgl. [1], S. 37).

3.2. Fused Deposition Modeling (FDM)

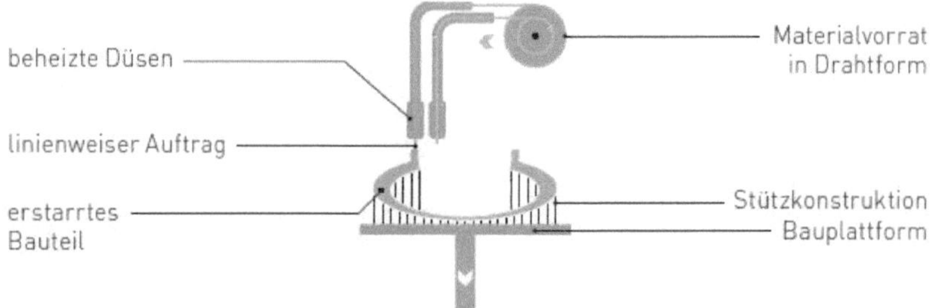

[5] Funktionsweise Fused Deposition Modeling

Beim Fused Deposition Modeling wird mit Kunststoff oder Wachs gearbeitet, welches in drahtförmigem Ausgangszustand vorliegt. Das Material wird dann von einer beheizbaren Extrudierdüse aufgeschmolzen und verflüssigt. Die frei verfahrbare Düse baut das Modell schichtweise auf. Als Material wird am häufigsten Acrylnitrit-Butadien-Styrol (ABS) verwendet, jedoch werden auch noch Polycarbonat- (PC) und Polylactid- (PLA) Mischungen angeboten (vgl. [1], S. 32f).

3.2.1. Vorteile

- Viele Maschinen sind schon für einen vergleichsweise geringen Anschaffungspreis zu haben und daher für Unternehmen interessant, die nur einen geringen oder mittleren Bedarf an Prototypen haben und mit den Einschränkungen des Verfahrens zurechtkommen.
- Das Material und die kompakten Abmessungen der Maschinen machen einen Einsatz im Bürobereich möglich.

- Die Maschinen von HP und Stratasys bieten den Vorteil, dass Stützmaterial mit einer optionalen Waschmaschine ausgewaschen werden kann. Dadurch reduziert sich die Nacharbeit erheblich und Teile mit komplexen Geometrien lassen sich so erst richtig herstellen.

(vgl. [1], S. 33)

3.2.2. Nachteile

- Da die Extrudierdüsen einen verhältnismäßig großen Durchmesser haben, eignet sich dieses Fertigungsverfahren nicht für kleine Teile mit komplexen Strukturen. Insbesondere in Z-Richtung entstehen dadurch Ungenauigkeiten und eine schlechtere Oberflächenqualität.
- Die Oberflächennachbehandlung ist aufwendig. Es besteht die Möglichkeit, bei ABS-Teilen die Oberfläche mit Hilfe von Aceton zu bedampfen und anzulösen, um sie zu glätten.
- Die Materialkosten sind im Vergleich zu anderen Verfahren recht hoch, beispielsweise das Vierfache im Vergleich zum Selektiven Lasersintern.

(vgl. [1], S. 33)

3.2.3. Ausblick

Es gibt nicht nur Maschinen für den professionellen Einsatz, sondern auch besonders viele Maschinen für den Einsatz in Büro und Lehre oder auch für Heimanwender. Daher ist diese Form der generativen Fertigung auch in der Zukunft wohl besonders interessant für kleine Unternehmen und Privatpersonen. Durch die große Konkurrenz entsteht in diesem Segment auch ein Preisdruck, der die Geräte immer kompakter und günstiger werden lässt. Dies führt so weit, dass für Privatanwender auch Bausätze angeboten werden.

3.3. 3D-Printing (3DP)

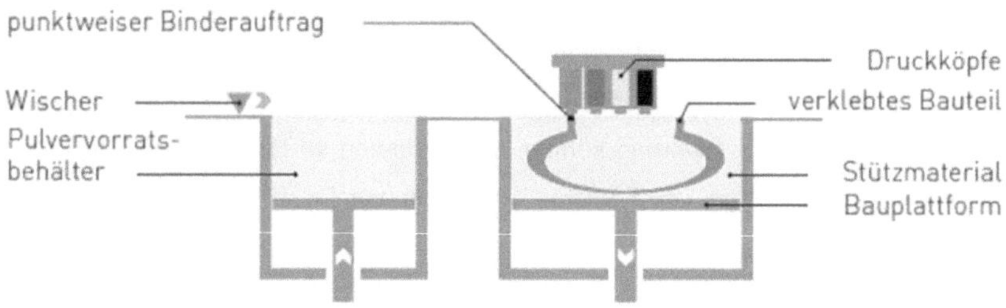

[6] Funktionsweise 3D-Printing

Das Ausgangsmaterial liegt hierbei in Pulverform vor. Dies kann beispielsweise Zellulose, Keramik, Kunststoff, Gips oder auch Metall sein. Das Pulver wird dann von einer Walze schichtweise auf der Bauplattform verteilt und mithilfe eines Binders aus einem Druckkopf selektiv verklebt. Im nächsten Schritt wird die Plattform um eine Schichtstärke abgesenkt und die nächste Pulverschicht aufgetragen. Wird ein herkömmlicher Tintenstrahl-Druckkopf verwendet, ist es möglich, auch vollfarbige Modelle zu drucken. Der Druckkopf trägt dann ein Binder-Farb-Gemisch auf. Sollen die Produkte mechanisch belastbar sein, wird es notwendig, die Teile nach dem Herstellungsprozess mit Epoxidharz oder Klebstoff zu behandeln (vgl. [1], S. 29).

3.3.1. Vorteile

- Durch den Einsatz von farbigen Bindern können vollfarbige Modelle gedruckt werden.
- Eine Wiederverwertung des restlichen Pulvers ist gut möglich.
- Das Verfahren steht für einen sehr schnellen Bauprozess, da die Druckköpfe technologisch ausgereift sind.
- Es werden keine Stützstrukturen benötigt.

(vgl. [1], S. 29)

3.3.2. Nachteile

- Beim Fertigungsprozess entsteht eine raue Oberfläche bedingt durch die Korngröße des Pulvers.
- Die Bauteile sind unbehandelt sehr brüchig und instabil und können bereits beim Entfernen der Druckrückstände beschädigt werden. Daher müssen sie mithilfe von Harz oder anderen Kunststoffen aufwendig behandelt werden.

(vgl. [1], S. 29)

3.3.3. Ausblick

Aktuell wird das Verfahren hauptsächlich für Anschauungsmodelle und Rapid-Tooling-Gussformen eingesetzt. Jedoch steigt die Nachfrage nach diesem Fertigungsverfahren in der Medizintechnik, wo die Modelle beispielsweise als Grünlinge für Implantate eingesetzt werden können. Daher laufen im Bereich des 3D-Printing mit Keramik Entwicklungs- und Forschungsarbeiten (vgl. [1], S. 29f).

3.4. Selektives Lasersintern (SLS)

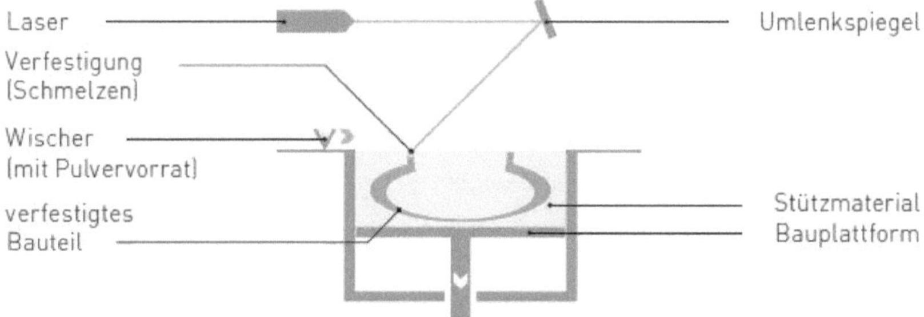

[7] Funktionsweise Selektives Lasersintern

Dieses Verfahren ähnelt dem des 3D-Printing, wobei das Pulver jedoch über einen Laser verschmolzen und nicht mit einem Binder verklebt wird. Das restliche, unverschmolzene Pulver kann größtenteils wiederverwendet werden, da es nur als Stützmaterial während des Fertigungsprozesses benötigt wird. Beim Selektiven Lasersintern können viele verschiedene Materialien zum Einsatz kommen, zum Beispiel Polyamid (PA), Polystyrol (PS) und Polyetheretherketon (PEEK). Weiterhin ist inzwischen auch die Verwendung von glas- und kohlefaserverstärkten Kunststoffen möglich, wobei die Fasern hier jedoch kürzer sind, als bei konventionell hergestellten Werkstoffen. Dies bewirkt schlechtere mechanische Eigenschaften senkrecht zu den Schichten. Der Fertigungsprozess wird gewöhnlich unter einer Stickstoffatmosphäre durchgeführt, um den Alterungsvorgang des Pulvers zu kompensieren (vgl. [1], S. 30).

3.4.1. Vorteile

- Es sind sehr viele verschiedene Kunststoffe einsetzbar.
- Die mechanische Belastbarkeit der Produkte erreicht zurzeit im Vergleich mit den anderen Verfahren die höchsten Werte. Das restliche Material kann wiederverwendet werden und Stützstrukturen sind nicht notwendig.
- Es kann das komplette Volumen des Bauraumes ausgenutzt werden. Dabei können sich auch die projizierten Grundflächen der Einzelteile überschneiden.
- Das Material ist im Vergleich zu den anderen Fertigungsverfahren sehr günstig.

(vgl. [1], S. 30f)

3.4.2. Nachteile

- Beim Fertigungsprozess entsteht eine raue Oberfläche bedingt durch die Korngröße des Pulvers.
- Durch verfestigtes und verklebtes Restmaterial im direkten Umfeld der Geometrie kann unter Umständen ein sehr hoher Reinigungsaufwand entstehen. Dies wird insbesondere bei Hohlräumen und langen, dünnen Kanälen spürbar.
- Je nach verwendetem Rohmaterial können beim Fertigungsprozess giftige Gase entstehen.
- Der Anschaffungspreis der Maschinen ist sehr hoch. Dadurch ist eine wirtschaftliche Auslastung nur möglich, wenn der Bauraum stets voll ausgenutzt wird.

(vgl. [1], S. 31)

3.4.3. Ausblick

Da die Materialeigenschaften mit konventionell gefertigten Produkten nahezu vergleichbar sind, eignet sich dieses Verfahren gut zur Serienproduktion. Weiterhin sind auch flexible Materialien möglich (vgl. [1], S. 30f; vgl. [2])

3.5. Selective Laser Melting (SLM)

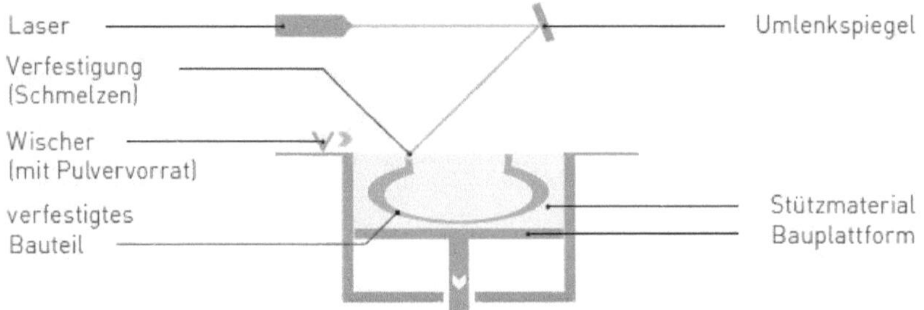

[8] Funktionsweise Selective Laser Melting

Das selektive Laserschmelzen entspricht dem Verfahren des selektiven Lasersinterns, jedoch wird beim Fertigungsprozess Metall- statt Kunststoffpulver verwendet. Auch hier wird der Prozess unter Schutzgasatmosphäre durchgeführt. Bei Aluminium ergibt sich die Besonderheit, dass der Bauraum vorgeheizt wird, damit sich die fertigen Teile beim Abkühlen nicht verziehen (vgl. [1], S. 32).

3.5.1. Vorteile

- Mit diesem Fertigungsverfahren hergestellte Metallteile sind nahezu vollständig dicht und besitzen gute mechanische Eigenschaften. Daher lassen sich diese Teile gut als Serienteile einsetzen.
- Es wird kein Stützmaterial benötigt.
- Das restliche Pulver aus dem Herstellungsprozess kann wiederverwendet werden.

(vgl. [1], S. 32)

3.5.2. Nachteile

- Beim Fertigungsprozess entsteht eine raue Oberfläche bedingt durch die Korngröße des Pulvers.
- Aufgrund der Schutzgasatmosphäre in der Maschine und des teilweise nicht ganz ungefährlich zu handhabenden Pulvers sind die Maschinen sehr aufwendig und setzen geschultes Bedienpersonal voraus.
- Die Bauplattform muss nach dem Fertigungsprozess plangefräst werden, da die Teile während des Vorgangs daran anschmelzen.

(vgl. [1], S. 32)

3.5.3. Ausblick

Da die hergestellten Teile sehr gute mechanische Eigenschaften besitzen und nahezu mit konventionell gefertigten Produkten gleichzusetzen sind, ist dieses Verfahren recht vielversprechend. Die Entwicklung erfolgt in hohem Tempo und es ist davon auszugehen, dass mit diesem Fertigungsverfahren schon sehr bald konkurrenzfähig zu konventionellen Teilen produziert werden kann, wobei es vor allem auf die Komplexität des Produktes ankommt (vgl. [1], S. 32).

3.6. Mask Sintering (MS)

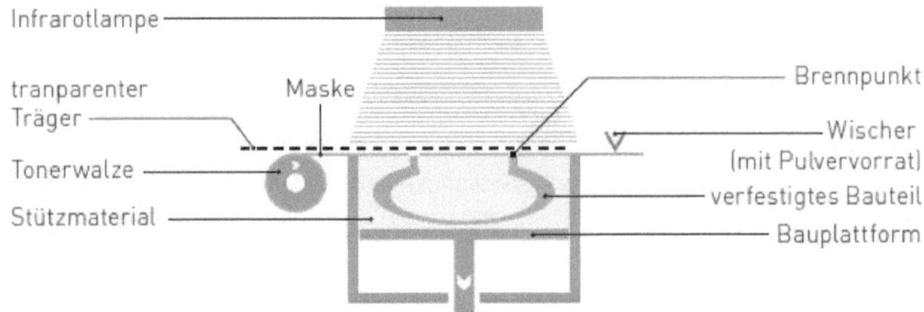

[9] Funktionsweise Mask Sintering

Das Mask Sintering ist die Idee, den Vorgang des selektiven Lasersinterns zu beschleunigen. Mit dem sich noch in der Entwicklungsphase befindenden Verfahren werden Kunststoffe wie pulverförmiges Polyamid aufgeschmolzen. Dies geschieht jedoch nicht punktuell über einen Laserstrahl, sondern flächig. Eine Glasplatte wird über die Bauplattform geschoben und teilweise mit Toner beschichtet. Damit ergeben sich Bereiche mit Toner, welche lichtundurchlässig sind und Bereiche ohne Toner, die lichtdurchlässig sind. Wenn die Platte nun mit einem flächigen UV-Strahler belichtet wird, dringt das Licht an den vorher definierten Positionen durch die Platte und verschmilzt dort das Pulver (vgl. [1], S. 37).

3.6.1. Vorteile

- Produkte, die mit diesem Verfahren gefertigt werden, haben sehr gute mechanische Eigenschaften.
- Beim Prozess wird kein zusätzliches Stützmaterial benötigt.
- Durch flächige anstelle der punktuellen Aushärtung ist das Verfahren wesentlich schneller als das selektive Lasersintern.

(vgl. [1], S. 37)

3.6.2. Nachteile

- Beim Fertigungsprozess entsteht eine raue Oberfläche bedingt durch die Korngröße des Pulvers.
- Durch verfestigtes und verklebtes Restmaterial im direkten Umfeld der Geometrie kann unter Umständen ein sehr hoher Reinigungsaufwand entstehen. Dies wird insbesondere bei Hohlräumen und langen, dünnen Kanälen spürbar.

- Je nach verwendetem Rohmaterial können beim Fertigungsprozess giftige Gase entstehen.

(vgl. [1], S. 38, 31)

3.6.3. Ausblick

Das Verfahren hat großes Potenzial, das selektive Lasersintern in Bereichen zu ersetzen.

3.7. Poly-Jet Modeling (PJM)

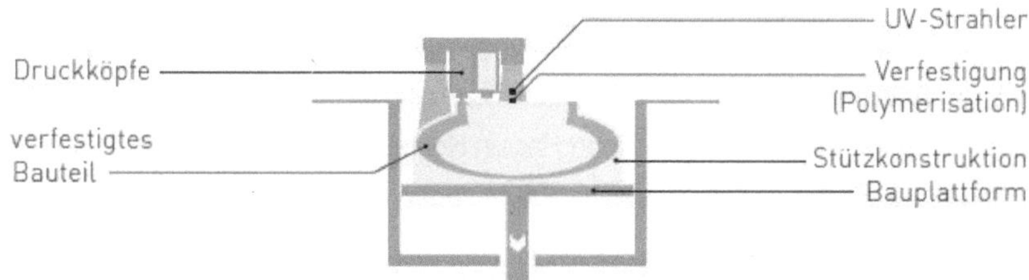

[10] Funktionsweise Poly-Jet Modeling

Bei diesem Verfahren wird ein Photopolymer auf die Bauplattform gedruckt und anschließend ausgehärtet. Dies geschieht mittels am Druckkopf befestigten UV-Lampen beim Überfahren der Kunststoffschicht. Es wird kein Harzbad benötigt, jedoch muss trotzdem Stützmaterial mitgedruckt werden, um feine Strukturen und Hinterschnitte zu befestigen (vgl. [1], S. 35).

3.7.1. Vorteile

- Das Verfahren ist äußerst genau, es kann eine Auflösung von 42μm in x- und y-Achse erreicht werden, sowie eine Auflösung von 16μm in Z-Achse.
- Weiterhin ist ein Nachbelichten des Produktes nach dem Herstellungsprozess nicht notwendig.
- Inzwischen ist nicht nur farbiger Druck möglich, sondern auch die Verwendung von verschiedenen Materialien mit unterschiedlichen mechanischen Eigenschaften innerhalb eines Druckprozesses.

(vgl. [1], S. 35)

3.7.2. Nachteile

- Aufgrund des Verfahrens sind bei diesem Fertigungsprozess nur photosensitive Materialien verwendbar. Dies reduziert die Anzahl der verwendbaren Materialien.

Durch den für das Material schädlichen Einfluss von (Tages-)Licht ist die Lebensdauer der Teile begrenzt.

- Die Produkte sind mechanisch deutlich weniger belastbar als Produkte aus anderen generativen Fertigungsverfahren. Die thermische Stabilität ist ebenfalls sehr
gering. Mit der Standardprüfung „ASTM D 648" bei 0,45 MPa liegt die Wärmeformbeständigkeit bei 55 – 66 °C.

- Freitragende Geometrien können nur mithilfe von Stützstrukturen gefertigt werden. Dies bringt eine aufwendige Nachbearbeitung mit sich.

- Das Material vernetzt beim Herstellungsprozess nur zu 95 %. Deshalb muss es
anschließend durch zusätzliche Belichtung vollständig ausgehärtet werden.

- Beim Fertigungsprozess werden Schutzmaßnahmen für die Mitarbeiter benötigt,
damit diese nicht mit dem flüssigen Harz in Kontakt kommen können.

- Die Materialkosten sind recht hoch. Sie betragen in etwa das Vierfache der Materialkosten beim SLS.

(vgl. [1], S. 28, 35)

3.7.3. Ausblick

Zur Verbesserung dieses Herstellungsverfahrens wird nach Materialien gesucht, die
thermisch stabiler sind. Jedoch ist das Verfahren bislang das einzige, welches die
Verarbeitung verschiedener Materialien zulässt (vgl. [1], S. 35).

3.8. Digital Light Processing (DLP)

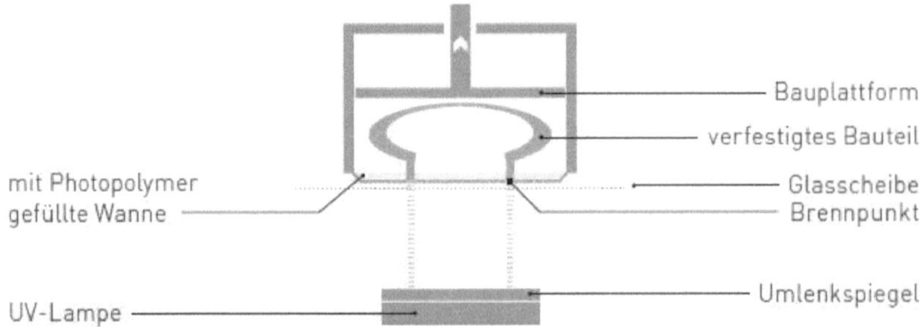

[11] Funktionsweise Digital Light Processing

Bei diesem Verfahren werden flüssige, photosensitive Harze zur Fertigung verwendet. Eine UV-Lampe strahlt flächig auf einen Mikrochip, welcher aus sehr vielen klei-

nen, beweglichen Spiegeln besteht. Diese Spiegel lenken das Licht entweder auf die Bauplattform oder davon weg und verfestigen so Schicht für Schicht des Produktes.

3.8.1. Vorteile

- Drucker können sehr kompakt und günstig hergestellt werden.
- Die Teile haben eine gute Detailauflösung.

(vgl. [1], S. 38)

3.8.2. Nachteile

- Die thermische Stabilität sowie die mechanischen Eigenschaften sind gering und nicht mit denen beim SLS zu vergleichen.

(vgl. [1], S. 38)

3.9. Stereolithographie (SL)

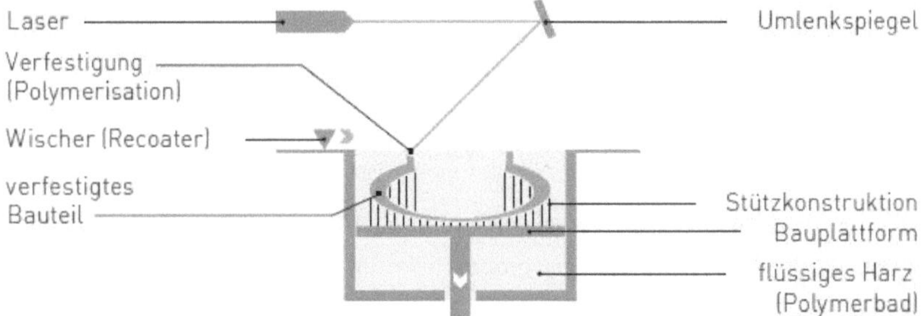

[12] Funktionsweise Stereolithographie

Bei der Stereolithographie befindet sich die Bauplattform in einem Flüssigkeitsbad mit photosensitivem Harz. Ein Laser polymerisiert den lichtaushärtenden Kunststoff und anschließend wird die Bauplattform schichtweise abgesenkt. Das Modell muss jedoch von Stützstrukturen fixiert werden.

3.9.1. Vorteile

- Die Genauigkeit des Verfahrens wird vom Durchmesser des Laserstrahls festgelegt. Sie liegt im Hundertstel Millimeter Bereich und ist damit die höchste aller generativen Fertigungsverfahren.

(vgl. [1], S. 27)

- Aufgrund des Verfahrens sind bei diesem Fertigungsprozess nur photosensitive Materialien verwendbar. Dies reduziert die Anzahl der verwendbaren Materialien. Durch den für das Material schädlichen Einfluss von (Tages-)Licht ist die Lebensdauer der Teile begrenzt.

- Die Produkte sind mechanisch deutlich weniger belastbar als Produkte aus anderen generativen Fertigungsverfahren. Die thermische Stabilität ist ebenfalls sehr gering. Mit der Standardprüfung „ASTM D 648" bei 0,45 MPa liegt die Wärmeformbeständigkeit bei 55 – 66 °C.

- Freitragende Geometrien können nur mithilfe von Stützstrukturen gefertigt werden. Dies bringt eine aufwendige Nachbearbeitung mit sich.

- Das Material vernetzt beim Herstellungsprozess nur zu 95 %. Deshalb muss es anschließend durch zusätzliche Belichtung vollständig ausgehärtet werden.

- Beim Fertigungsprozess werden Schutzmaßnahmen für die Mitarbeiter benötigt, damit diese nicht mit dem flüssigen Harz in Kontakt kommen können.

(vgl. [1], S. 28)

3.9.3. Ausblick

Da die Genauigkeit der große Vorteil dieses Verfahrens ist, spielt der Prozess hauptsächlich bei kleinen Bauteilen eine große Rolle. In der sogenannten Mikrostereolithographie schreitet die Entwicklung ganz besonders voran. Weitere Forschungsarbeit kann bei neuen Werkstoffen verzeichnet werden. Hier wird Wert auf eine verbesserte thermische Stabilität und verbesserte mechanische Eigenschaften gelegt.

(vgl. [1], S. 28)

4. Vorteile von generativen Fertigungsverfahren gegenüber klassischen Fertigungsverfahren

Generative Fertigungsverfahren bieten den Vorteil, dass die Daten des Konstruktionsprozesses für die Fertigung nicht grundsätzlich verändert werden müssen. Anhand der 3D-Daten eines Produktes können direkt die für die Fertigung notwendigen Geometrien erstellt werden (vgl. [1], S. 2).

Weiterhin werden im Gegensatz zu den konventionellen Fertigungsverfahren keine zusätzlichen Hilfsmittel wie Formen, Werkzeuge oder spezielle Vorrichtungen benötigt. Es werden keine langwierigen Umrüstvorgänge an den Maschinen benötigt, lediglich der neue Datensatz des Produktes muss in die Maschine eingelesen werden. Damit ist es auch wirtschaftlich, in geringen Stückzahlen bis hin zur Menge 1 zu fertigen, was ein wichtiger Schritt in Richtung der Industrie 4.0 ist. Konstruktionsänderungen können somit schnell und unkompliziert direkt durchgeführt werden. Dies bedeutet, es müssen beispielsweise nicht zuerst Änderungen an Gussformen durchgeführt oder neue Werkzeuge gekauft werden. Auch die angestrebten hohen Individualisierungsmöglichkeiten durch den Kunden können einfach erreicht werden (vgl. ebd.).

Eine Bildung von Baureihen ist nicht nötig, da beispielsweise ein Hydraulikventil skaliert und somit auf den Durchfluss ausgelegt werden kann. Dies bietet den Vorteil, dass Produkte nur einmalig entwickelt werden müssen und auf unterschiedliche Gegebenheiten angepasst werden können (vgl. ebd.).

Beim Konstruktionsprozess ergeben sich weitere Besonderheiten. Generative Fertigungsverfahren erstellen automatisch die benötigten Stützstrukturen. Es werden keine fertigungsbedingten Konstruktionsanpassungen benötigt. Damit ist es möglich, Produkte deutlich kompakter werden zu lassen oder Formen zu realisieren, die bei klassischen Fertigungsmaschinen aufgrund der fehlenden Spannmöglichkeiten verworfen würden (vgl. ebd.). Hier spielt insbesondere das Stichwort Bionik eine große Rolle. Konstrukteure sollten sich darüber Gedanken machen, ob es möglich ist, ein Teil nach dem Vorbild der Natur zu entwickeln. Oftmals sind die Lösungen, welche die Natur schon vor geraumer Zeit entwickelt hat funktional und ausgereift. Mit konventionellen Fertigungsmethoden ist es zwar meistens unmöglich, diese Lösungen mit vertretbarem Aufwand nachzubilden, nicht jedoch mit den generativen Fertigungsmethoden (vgl. [1], S. 6f). Teile können eine Geometrie erhalten, die genau auf die Anwendung zugeschnitten ist. Dies ist nur möglich, da mithilfe der generativen

Fertigungsverfahren ganz andere Möglichkeiten bestehen, Geometrien zu formen, als mit konventionellen Bearbeitungsmaschinen. So ist es beispielsweise nicht mehr zwingend notwendig, dass Bohrungen linear verlaufen müssen. Warum nicht einfach einen von Medium durchströmten Kanal innerhalb eines Bauteils, wie beispielsweise eines Hydraulikventils, den optimalen Strömungsverläufen anpassen. Dazu können Kanäle um Kurven verlaufen, sowie stufenlos enger und weiter werden. Dies bedeutet, dass in vorliegendem Fall weniger Bohrungen gemacht, die dann mit Dichtstopfen verschlossen werden müssten. Weiterhin könnten Baugruppen, die fertigungsbedingt aus mehreren Teilen bestehen und anschließend gefügt werden müssen nun aus einem Bauteil hergestellt werden. Dies spart Verbindungselemente wie Schrauben und Dichtungen. Weiterhin hat dies den Vorteil, dass spielfreie Konstruktionen deutlich einfacher gefertigt werden können (vgl. [1], S. 2).

Leichtbauweise spielt im Konstruktionsprozess eine immer größer werdende Rolle. Mithilfe von generativen Fertigungsverfahren können Teile genau so realisiert werden, wie es aufgrund der Belastungssituation nötig ist. Wandstärken müssen nur so dick sein, wie es aufgrund der Festigkeit an genau dieser Stelle notwendig ist. Wird an einer anderen Stelle des Bauteils eine größere Wandstärke gefordert, ist es kein Problem, diese dort umzusetzen. So muss sich der Konstrukteur bei einem Teil die Frage stellen: Wo treten Kräfte auf, wo wird deshalb Material und wo eine Versteifung benötigt? Auf Basis dieser Entscheidung kann dann ein Teil auch als Fachwerk hergestellt und somit das Gewicht deutlich reduziert werden (vgl. ebd.). Dies verkürzt in gleichem Maße auch die Fertigungszeit, was zu kürzeren Lieferzeiten und damit Vorteilen gegenüber dem Wettbewerb führt (vgl. ebd.).

Durch generative Fertigungsverfahren ergibt sich die Möglichkeit, bewegliche Teile innerhalb von Baugruppen innerhalb eines Herstellprozesses zu fertigen. Damit können einfache Funktionsteile ohne große Ansprüche an die Toleranzen direkt in einem Arbeitsgang hergestellt werden. Sind die beweglichen Teile jedoch zueinander gepasst, lässt sich dieses Prinzip aufgrund der Toleranzen und Mindestabstände bei der Herstellung nicht mehr anwenden.

5. Ansprüche an Design und Konstruktion

5.1. Konstruktive Sichtweise

5.1.1. Generell

Der Entwicklungsprozess beginnt auch bei den generativen Fertigungsverfahren mit der Erstellung eines CAD-Modells. Hieraus wird anschließend eine STL-Datei erstellt. Dies ist aktuell das gängige Dateiformat zur Übertragung der CAD-Daten an die Fertigungsmaschinen. Die Maschine wird mit dem benötigten Material gerüstet und die Fertigung vorbereitet. Nach der erfolgten Fertigung des Teiles wird das Produkt entnommen und gegebenenfalls gesäubert und nachbearbeitet. Dies ist beispielsweise notwendig, wenn Stützstrukturen verbaut wurden. Wenn alle Fertigungsschritte beendet wurden, kann das Produkt verwendet werden (vgl. [1], S. 41).

Bei der Erstellung des CAD-Modells sind verschiedene Punkte zu berücksichtigen. Die Achsen sollten so gelegt werden, dass die längste Seite des Produktes in X- oder Y-Richtung zeigt, da die Teile in der Regel schichtweise in Z-Richtung aufgebaut werden. Dies gewährleistet aufgrund des Verfahrens meist eine kürzere Bauzeit und damit günstigere Fertigung (vgl. [1], S. 121).

Als Materialien für generative Fertigung finden aktuell hauptsächlich Kunststoffe Beachtung. Metalle werden ebenfalls eingesetzt, spielen aber aufgrund der hohen Kosten nicht so eine große Rolle wie Kunststoffe. Eine generative Fertigung mit keramischen Materialien oder Faserverbundwerkstoffen ist ebenfalls möglich, wird jedoch kaum praktiziert. Ein möglicher Grund hierfür ist die geringe Verbreitung und Auswahl der Fertigungsanlagen und die hohe Komplexität des Prozesses (vgl. [3], S. 459f).

Generative Fertigung kann grundsätzlich bei allen Teilen durchgeführt werden, die sich auch konstruieren lassen. Kleine Einschränkungen gibt es jedoch. Bei der Fertigung müssen eine minimale Wandstärke, ein minimaler Abstand zwischen zwei beweglichen Teilen und das Bauvolumen der Maschine beachtet werden. Weiterhin ist es bei den Sinterverfahren sinnvoll, keine geschlossenen Hohlräume zu bauen, da hier das unverschmolzene Pulver nicht entfernt werden kann (vgl. [1], S. 121).

Wird als Baumaterial Pulver verwendet, sollte dies nach dem Bauprozess entfernt werden können. Bei manchen Anwendungsfällen macht es Sinn, das Pulver in den Hohlräumen zu belassen, aber in der Regel wird das Pulver über eine Öffnung entfernt. Oftmals reicht hierzu eine einfache Bohrung für einen Wasserstrahl, Sandstrahl oder Druckluft von etwa 5 mm Durchmesser. Bei komplexen Geometrien, insbesondere bei innen liegenden, langen Kanälen kann das Einbringen von zusätzlichen Öffnungen notwendig sein (vgl. [1], S. 122).

Die Genauigkeit eines gefertigten Produktes ist oft maßgebend für die Funktion. Bei den generativen Fertigungsmethoden ist eine hohe Genauigkeit nicht einfach zu erreichen und oftmals auch überhaupt (noch) nicht zu erreichen. Die Genauigkeit hängt zum einen von Herstellungsprozess und Material, aber auch von den Parametern der Maschine ab. Bei den thermisch aktivierten Vorgängen der generativen Verfahren besteht auch immer die Gefahr von Verzug des Bauteils beim Abkühlen. Die Maschinenparameter können durch die Einrichtung der Maschine und die Position des Teils im Bauraum stark variieren. Bei der Konstruktion kann direkt nur auf die Einhaltung der minimalen Wandstärken, der Vorgaben für Kanten und Ecken und die Auflösung der STL-Daten Einfluss genommen werden. Jedoch sollte bei der Konstruktion auch im Hinterkopf behalten werden, dass es maschinenbedingte Faktoren gibt, welche die Genauigkeit des Teils stark beeinflussen. Hierfür wird empfohlen, Rücksprache mit dem Fertigungsdienstleister zu halten oder gegebenenfalls mehrere Testteile zu fertigen, um so eine Optimierung des Herstellungsprozesses zu erreichen (vgl. [1], S. 123f).

Bei der Konstruktion sind minimale Wandstärken zu berücksichtigen. Für die folgenden Aussagen liegen die Rahmenbedingungen vom SLS-Verfahren mit PA12-Pulver mit einer mittleren Korngröße von 60 µm und einer Bauteilschichtstärke von 0,1 mm zu Grunde. Durch andere Verfahren und die Verwendung von anderem Material lasen sich unter Umständen auch geringere Wandstärken realisieren. Beim SLS-Verfahren liegt die Wandstärke in horizontaler Richtung bei einer Dicke von 0,25...0,3 mm. Dieser Wert ergibt sich dadurch, dass eine Schicht von 0,1 mm aufgeschmolzen werden muss, sodass sie mit den darunter und darüber liegenden Schichten verschmilzt, was zu Randbereichen mit unverschmolzenem Pulver an verschmolzenen Geometrien führt. Bei vertikalen Geometrien beträgt die minimale Wandstärke etwa 0,45...0,55 mm, was auf den Durchmesser des Laserstrahls zurückzuführen ist (vgl. [1], S. 124f).

Wenn die generativ gefertigten Bauteile mit dünnen Wänden versehen werden, können diese als Funktionsbauteile dienen. Somit ist es möglich, Aktoren aus einem Teil herzustellen. Als Beispiel kann hier ein Greifer genannt werden, der über eine geschlossene Lamellenstruktur verfügt. Dieser Faltenbalg verformt sich unter Druck elastisch und kann somit als Aktor eingesetzt werden. Hierbei sollte beachtet werden, dass die generativ gefertigten Teile mit dünner Wandstärke nicht zu 100% luftdicht sind (vgl. [1], S. 126f).

Gegeneinander bewegliche Teile können mithilfe der generativen Fertigungstechnologien in einem Herstellungsprozess gefertigt werden. Dabei spielen jedoch die Abstände zwischen den Bauteilwandungen eine entscheidende Rolle. Sind sie zu klein gewählt, kann es passieren, dass die Bereiche miteinander verschmelzen. Dies kommt durch die Randunschärfe beim Verschmelzen. Die Abstände sind abhängig von Modell, Maschine, Material und weiteren Parametern. Beim SLS mit PA12 sollten die Abstände für kleine Bereiche und robuste Teile mit etwa 0,4 mm und für größere Bereiche und filigranere Geometrien mit etwa 0,6 mm gewählt werden. Für andere Verfahren und Materialien können abweichende Werte gelten, die vom Dienstleister oder Maschinenhersteller angegeben werden und im Zweifelsfall in Versuchen verifiziert werden sollten (vgl. [1], S. 127f).

Die Genauigkeit des gebauten Teiles hängt stark von der Schichtdicke und der Genauigkeit der CAD-Daten ab. Die Schichtdicke zu reduzieren erhöht zwar die Genauigkeit des Produktes, jedoch ist dabei zu beachten, dass die Bauzeit damit länger wird und die Grenze beispielsweise beim SLS die Körnung des Pulvers ist. Auch nach oben hin ist die Schichtdicke begrenzt, beim SLS zum Beispiel durch die Eindringtiefe des Lasers. Eine grundsätzliche Möglichkeit, die Genauigkeit des Teils zu verbessern, ist die Auflösung der CAD-Daten zu verbessern. Das Standard-Datenformat für generative Fertigung ist STL. Dies ist die Abkürzung für Surface Tesselation Language. Hierbei wird das Modell durch eine Oberflächenrepräsentation dargestellt, welche aus Dreiecksflächen mit einer Flächennormale besteht (vgl. [1], S. 56).

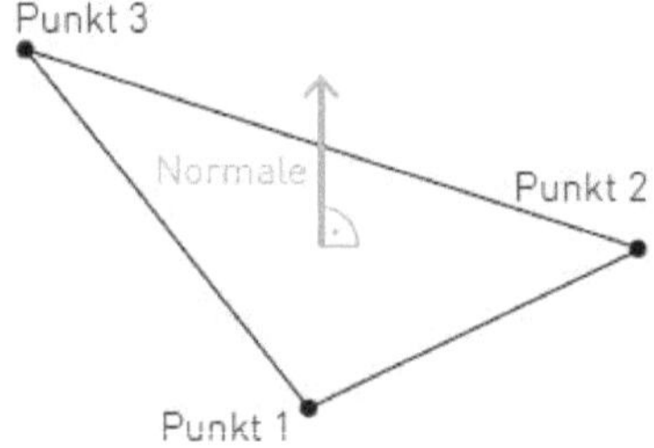

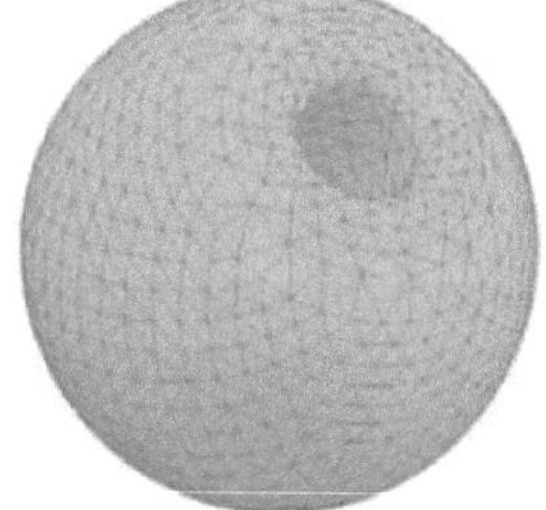

[13] Schema einer STL-Facette und STL-Datei

Bei der rechten Abbildung ist gut zu erkennen, dass die Auflösung der Datei auch die Genauigkeit der Oberfläche bestimmt. Je mehr Dreiecksflächen verwendet werden, desto näher kommt die STL-Datei der ursprünglichen Kugeloberfläche. Je gröber die Auflösung ist, desto mehr später sichtbare Ecken und Kanten hat die Kugel. Eine niedrige Auflösung verschlechtert also die Qualität, eine sehr hohe Auflösung bedeutet jedoch auch ein höherer Speicherbedarf der Datei (vgl. [1], S. 56f).

Bei der Konstruktion ist zu beachten, dass manche Materialien Wasser aufnehmen. Dies betrifft beispielsweise den für die generative Fertigung am Häufigsten verwendeten Werkstoff PA12. Eine Wasseraufnahme kann auch schon durch die Luftfeuchtigkeit stattfinden und bewirkt beim Modell eine Volumenänderung durch Aufquellen des Teils. Bei PA12 ist die Wasseraufnahme sehr gering und reversibel. Jedoch sollte dies bei der Konstruktion bedacht werden, da sich hierbei eventuell Änderungen der äußeren Form sowie eine Verschlechterung der mechanischen Eigenschaften einstellen kann. Entsprechende Sicherheiten sind daher einzuplanen. Die Angaben in den Datenblättern der Hersteller beziehen sich in der Regel auf getrocknete Proben (vgl. [1], S. 69).

Kanten und Ecken lassen sich aufgrund der Schichtstärke und der minimalen Größe des Laserpunktes nicht beliebig spitz formen. Wenn Geometrien pyramidenförmig gebaut werden sollen, ist eine Verrundung ratsam, sobald der Winkel unter 53° bei vertikaler Lage der Pyramidenform und unter 22° bei horizontaler Lage der Pyramidenform fällt (vgl. [1], S. 136).

Bohrungen können bei generativen Verfahren direkt mitgefertigt werden. Hier ist jedoch zu beachten, dass die Bohrungen je nach Ausrichtung im Bauraum Genauigkeitsabweichungen haben können. Die genaueste Form erreichen vertikal im Bauraum verlaufende Bohrungen, bei horizontalen Bohrungen ist mit einer leicht ovalen Form zu rechnen. Weiterhin sind sehr kleine Bohrungen und sehr tiefe Bohrungen als kritisch zu bewerten, sobald sich eine große Masse um sie herum befindet. Dies hängt mit der Temperaturausdehnung und der Abkühlung beim Bauprozess zusammen. Zur Entfernung von Pulver aus Hohlräumen bei den pulverbasierten Fertigungsverfahren sollten ebenfalls Bohrungen vorgesehen werden. Diese müssen groß genug sein, dass ein Luft- oder Glasperlenstrahl hindurch passt, was in der Praxis einen Bohrungsdurchmesser von 4-5 mm bedeutet. Kanäle zur Beförderung von Medien können bei der generativen Fertigung ein optimale Form und einen perfekt angepassten Verlauf haben. Auch hier sollte auf die Entfernbarkeit des Pulvers aus den Kanälen geachtet werden. Werden die Kanäle gleichzeitig als Trägerstruktur verwendet, kann damit eine enorme Masseneinsparung erreicht werden (vgl. [1], S. 141ff).

5.1.2. Bauteiloptimierung

Mithilfe der Finite-Elemente-Methode (FEM) lassen sich Konstruktionen optimieren. Die Fertigung solcher optimierten Bauteile ist jedoch mit konventionellen Fertigungsverfahren nur schwer bis überhaupt nicht möglich. Daher bietet es sich an, hier auf die generativen Verfahren zurückzugreifen (vgl. [1], S. 128).

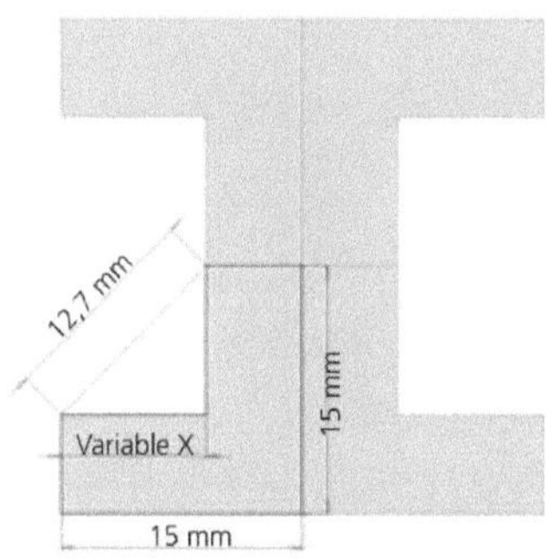

[14] Doppel-T-Träger mit Bemaßungen

Wird die Parameteroptimierung angewandt, werden verschiedene geometrische Abmessungen als Parameter freigegeben. Mithilfe weiterer Vorgaben wie dem maximalem Gewicht oder der maximalen Verschiebung kann die entsprechende Software die optimalen Werte für die freigegebenen Variablen berechnen (vgl. [1], S. 129).

Die Topologieoptimierung hat das Ziel, bei vorgegebenem Maximalvolumen und maximal zulässiger Spannung das Gewicht zu minimieren. In der Regel wird hierfür die Soft Kill Option (SKO) angewandt. Dieses Verfahren ahmt den Knochenbildungsprozess des menschlichen Körpers nach. An den wenig belasteten Stellen wird Material entfernt und damit ein bestmögliches Gleichgewichtsverhältnis zwischen Gewicht und Stabilität geschaffen. Da bei den generativen Fertigungsverfahren ein geringer Materialeinsatz sinnvoll ist, weil damit kürzere Bauzeiten einhergehen, lässt sich hier die Methode der SKO bestmöglich in den Konstruktionsprozess integrieren. Der Prozess kann sowohl manuell mittels einer FEM-Simulation durchgeführt werden, als auch mit einem professionellen Programm wie beispielsweise der Software TopLevel vom Fraunhofer ITWM durchgeführt werden. Somit kann, wie in den folgenden Bildern gezeigt, aus einem punktuell belasteten Würfel ein Tragwerk entstehen, welches genau an den Anwendungsfall angepasst ist (vgl. [1], S. 130ff).

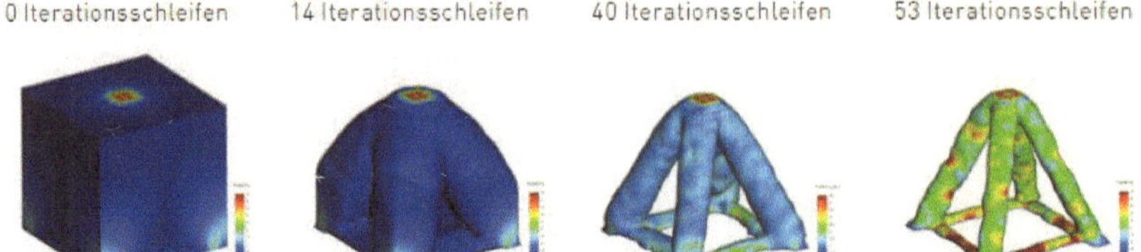

[15] Optimierung durch die SKO Methode. Druckverteiler: von-Mises-Vergleichsspannung

Bei der Formoptimierung wird eine zulässige maximale Spannung angegeben. Aufgrund der Belastung wird mithilfe der Computer Aided Optimization (CAO) eine Materialanpassung nach bionischem Vorbild durchgeführt. Dies führt dazu, dass an weniger belasteten Stellen Material entfernt und an stärker belasteten Strukturen Material hinzugefügt wird. Der Vorgang wird in mehreren Iterationsschleifen wiederholt, bis sich ein homogener Spannungsverlauf eingestellt hat. Erreicht wird dies insbesondere durch

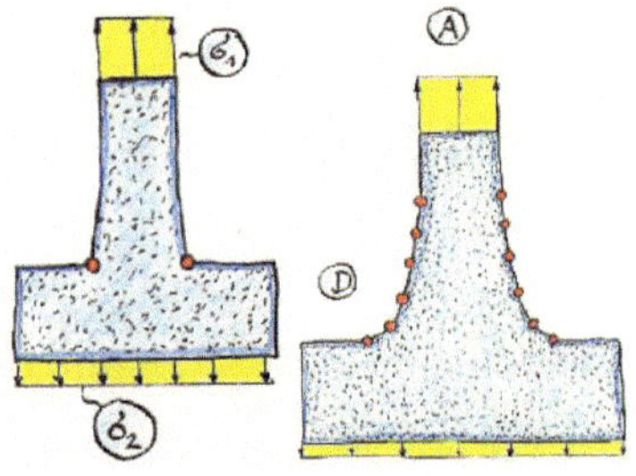

[16] Bauteil vor und nach CAO-Optimierung

den Einsatz von optimierten Radien. Mit der Methode kann es aber unter Umständen auch dazu kommen, dass das Bauteilvolumen sogar etwas ansteigt (vgl. [1], S. 132f). Mithilfe einer Kombination aus Materialien, einer angepassten Struktur und der Form- und Topologieoptimierung lassen sich enorme Gewichtsreduzierungen erreichen. Jedoch muss hierfür die Belastung auf das Bauteil genau bekannt sein, da das Bauteil genau darauf ausgelegt wird (vgl. [1], S. 133ff). Tritt eine Belastung an einer anderen Stelle auf, verschiebt sich die Spannung an andere Punkte, was zur Folge haben könnte, dass das Bauteil Überlasten ausgesetzt wird. Kritisch wird dies, wenn durch Topologieoptimierung Material an Stellen entfernt wurde, an denen es nun benötigt wird. Daher muss bei der optimalen Auslegung auch an Extremsituationen und vorhersehbare Fehlanwendung gedacht werden.

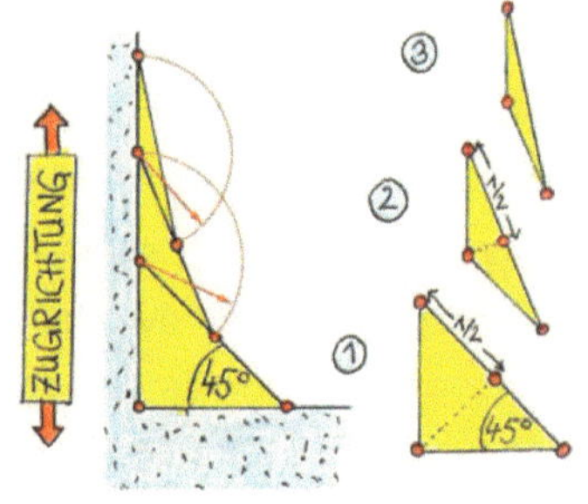

[17] Zugdreieckmethode nach Mattheck

Eine bei der konventionellen Fertigung recht beliebte Methode der Spannungsreduzierung ist die Viertelkreisverrundung. Diese Verrundung lässt sich aufgrund der vorgefertigten Werkzeuge einfach einsetzen. Eine spannungsoptimierte Verrundung ist jedoch deutlich effektiver und lässt sich bei generativer Fertigung ebenso gut einsetzen. Die Zugdreieckmethode nach Claus Mattheck ist die wohl einfachste Methode mit geringem Aufwand eine deutlich bessere Spannungsverteilung zu erhalten als mit der Viertelkreisverrundung. Eine noch bessere Methode zur Optimierung von Winkeln ist die Formoptimierung. Hiermit lassen sich nochmals deutlich die Spannungen reduzieren bei einer gleichzeitigen Verringerung des Gewichts (vgl. [1], S. 137ff).

Treten äußere Druckbelastungen auf, so sind gewölbte Flächen den planaren Flächen vorzuziehen, da diese Druckbelastungen besser standhalten. Ein weiterer Vorteil ist der geringere Verzug von Bauteilen mit gewölbten Flächen. Auch Freiformflächen lassen sich bei generativen Verfahren ohne Probleme in die Konstruktion integrieren und somit Designverbesserungen und Personalisierung erreichen (vgl. [1], S. 139f).

Durch den geschickten Einsatz von Strukturen können verschiedene Verbesserungen bei generativ gefertigten Produkten erreicht werden. Da massive Bereiche bei diesen Fertigungsverfahren ohnehin zu vermeiden sind, ist es von Vorteil, dass auch feine und komplexe Strukturen problemlos hergestellt werden können. Durch den Einsatz von Strukturen können beispielsweise Materialeinsparungen erreicht werden, die Kosteneinsparungen mit sich bringen. Auch Einsparungen beim Gewicht können für verschiedene Einsatzbereiche essentiell sein. So ist es beispielsweise bei Konsumgütern oder Produkten für mobile Anwendungen von Vorteil, mit den Leichtbaumöglichkeiten von generativen Verfahren zu arbeiten. Zu beachten ist auch, dass große Materialanhäufungen beim Herstellungsprozess zu einer hohen Energiedichte führen, was wiederum zu einer ungleichmäßigen Temperaturverteilung im Bauraum führt. Um die negativen Effekte einer großen Massenanhäufung zu vermeiden, lassen sich verschiedene Strukturierungen verwenden. Als am geeignetsten bei generativen Fertigungsmethoden haben sich Wabenstrukturen erwiesen, die abhängig vom Lastfall positioniert werden. Dabei sollte jedoch bedacht werden, dass beim Wechsel von einem Vollmaterial zu einem strukturierten Material mit Stabilitätseinbußen zu rechnen ist (vgl. [1], S. 143-146).

5.1.3. Nachbearbeitung

Werden an das generativ gefertigte Produkt besondere Anforderungen der Oberfläche gestellt, gibt es verschiedene Möglichkeiten, die Oberfläche nachträglich zu behandeln und damit bestimmte Eigenschaften zu erzielen. Damit können beispielsweise folgende Anforderungen abgedeckt werden (vgl. [1], S. 70):

„Funktionelle Anforderungen:

- Korrosionsbeständigkeit

- Verschleißbeständigkeit

- Gleiteigenschaften

- Rauheit

- Härte

- Festigkeit

- Dichte

- Leitfähigkeit

Dekorative Anforderungen:

- Farbe

- Glanz

- Deckvermögen

- Rauheit

- Einebnung“

([1], S. 70)

Da die Eigenschaften eines generativ gefertigten Produktes nicht immer den gewünschten Anforderungen voll entsprechen, besteht insbesondere bei Kunststoffteilen die Möglichkeit einer metallischen Beschichtung. Dieser Prozess ist nicht ganz unkompliziert, verbessert jedoch wesentlich die Eigenschaften der Teile. Hier sei besonders der Arc-PVD Prozess hervorgehoben, um eine erste, metallisch leitfähige Schicht auf die Kunststoffteile aufzubringen. Anschließend kann ein derart vorbehandeltes Teil galvanisch beschichtet werden (vgl. [1], S. 73f).

Auch zur Verbesserung der mechanischen Eigenschaften dient die Beschichtung von generativ gefertigten Kunststoffteilen. Wird als Grundwerkstoff PA12 verwendet, liegt die Zugfestigkeit bei etwa 50...60 N/mm². Werden diese Zugversuchsproben jedoch mit einer Nickelschicht umgeben, kann die Zugfestigkeit bei 200 µm Schichtdicke auf etwa 170 N/mm² gesteigert werden (vgl. [1], S. 90).

5.1.4. Einsatz von Funktionselementen

Mithilfe der generativen Fertigungsverfahren lassen sich auch Bauteile herstellen, bei denen Funktionen direkt integriert sind. Dabei sollte jedoch darauf geachtet werden, über welche Lebensdauer das Funktionselement verfügt. So eignet sich beispielsweise das SLS-Verfahren mit PA12-Pulver gut einteilige Gelenke wie Filmscharniere oder Kreuzfedergelenke. Mehrteilige Gelenke unterliegen durch die Reibung der relativ rauen Oberfläche immer einem hohen Verschleiß. Federelemente lassen sich ebenfalls generativ herstellen. Dabei ist jedoch zu beachten, dass diese für die generative Fertigung mit PA12 angepasst werden müssen. Die maximale Spannung sollte deutlich unter der maximalen Materialspannung liegen. Trotzdem kann nicht ausgeschlossen werden, dass sich das Material setzt und die Feder nicht wieder in Ihre Ausgangslage zurückkehrt. Daher ist von einer Verwendung als Zug- und Druckstabfeder ebenso wie als Ringfeder abzuraten (vgl. [1], S. 150-155).

Prinzipiell lassen sich auch Verbindungselemente wie Schrauben oder Muttern mit generativen Verfahren herstellen. Jedoch ist zu beachten, dass die Festigkeit bei diesen Verfahren und Materialien geringer ist, als bei Verbindungselementen aus Stahl und konventionellen Verfahren. Bei Gewindegrößen unter M5 ist die Detaillierung und Festigkeit so gering, dass sich eine generative Fertigung nicht empfiehlt. Generell kann aber auch mit Gewindeeinsätzen gearbeitet werden (vgl. [1], S. 155-157).

Spielpassungen sollten bei generativen Fertigungsverfahren nur dann eingesetzt werden, wenn die beiden Teile nur selten gegeneinander bewegt werden. Dies lässt sich damit erklären, dass die bei generativen Verfahren verwendeten Materialien oft weich sind und eine große Oberflächenrauheit aufweisen, was zu übermäßigem Verschleiß führt. Übermaßpassungen können grundsätzlich verwendet werden. Dienen die Passungen jedoch nur dazu, Teile zu fügen, ist eine einteilige Bauweise meistens besser geeignet. Übermaßpassungen neigen dazu, dass bei mehr als einmaligem Trennen der gepassten Teile eine Glättung und Abnutzung der Oberflächen stattfindet, wodurch dann Spiel zwischen den Bauteilen entsteht (vgl. [1], S. 157ff).

Der Vollständigkeit halber soll an dieser Stelle noch erwähnt werden, dass sich generativ gefertigte Bauteile aufgrund des erhöhten Verschleißes nicht gut für Lager und Führungen eignen. Hier sollte also eher auf die konventionellen Verfahren zurückgegriffen werden, gerade auch in Anbetracht der wirtschaftlichen Seite (vgl. [1], S. 163-166).

Generativ gefertigte Bauteile, welche von hydraulischen oder pneumatischen Medien durchströmt werden, müssen auch abgedichtet werden. Dies geschieht entweder gegen ein anderes generativ gefertigtes oder gegen ein konventionell gefertigtes Bauteil. Dabei kommen nicht selten Flachdichtungen oder O-Ringe und deren artverwandte Dichtungen zum Einsatz. Die Problematik besteht hierbei darin, dass die Oberflächen von generativ hergestellten Bauteilen oftmals so rau sind, dass eine Dichtwirkung nur schwierig zu erzielen ist. Eine Möglichkeit besteht darin, dass die Dichtflächen spanend nachgearbeitet werden, was für eine glatte Oberfläche sorgt. Eine weitere Möglichkeit wäre der Einsatz von flüssigen Dichtstoffen, die Rauheiten gut überbrücken können. Falls diese beiden Alternativen nicht möglich oder nicht gewünscht sind, sollte darauf geachtet werden, dass das Dichtmaterial möglichst weich ist und über eine große Schnurstärke verfügt, um so die Dichtfläche zu vergrößern (vgl. [1], S. 169f).

Grundsätzlich sollte beim Anwendungsfall Funktionselement eine FEM-Simulation durchgeführt werden, um Spannungsspitzen auszuschließen, welche zur frühzeitigen Zerstörung des Materials führen können. Auch zur Beurteilung der Dauerbelastbarkeit eignen sich Simulationen, jedoch sind weitere Tests und Dauerversuche dringend erforderlich, da die Simulationen immer von der Realität abweichen (vgl. [1], S. 150).

5.2. Wirtschaftliche Sichtweise

Zu beachten ist auch, dass durch den Einsatz von generativen Fertigungstechnologien der Anteil an manueller Arbeit verringert wird, was Potenzial für Einsparungen darstellt. Dies kann beispielsweise die Zusammenfassung von Baugruppen zu einem Einzelteil sein. Auf der anderen Seite steht die Nachbearbeitung, die unter Umständen aufwendiger gestaltet werden muss. Das Entfernen von überschüssigem Material und die Nachbearbeitung der Oberfläche sind zeit- und kostenmäßig nicht zu unterschätzende Fertigungsschritte (vgl. [1], S. 43). Daher ist bei der Konstruktion und beim Design darauf zu achten, dass Geometrien vermieden werden, die Stützstrukturen benötigen. Falls sich dies jedoch nicht vermeiden lässt, sollten die Oberflächen für Stützstrukturen möglichst so gelegt werden, dass eine zwangsweise gröbere Oberfläche keine technischen oder optischen Beeinträchtigungen mit sich zieht. Dies reduziert die erforderliche Nachbearbeitung.

Eine für den Konstrukteur mitunter schwierige Aufgabe ist die Vergabe von möglichen Fertigungstoleranzen, welche verfahrensbedingt durch Streuung auch bei den generativen Fertigungsverfahren entstehen. Generative Verfahren sind in der Regel schon recht genau, jedoch sind auch hier der Genauigkeit Grenzen gesetzt. Bei einer Fertigung auswärts gibt das Fertigungsunternehmen oft eine erreichbare Genauigkeit vor. Verfügt das eigene Unternehmen über eine Fertigungsmaschine, liegen hier auch oft schon eigene Erfahrungen oder Daten des Maschinenherstellers zur Genauigkeit vor. Wird eine noch höhere Genauigkeit benötigt, welche eine spanende Nacharbeit erforderlich macht, ist dies schon im Voraus bei der Erstellung der CAD-Daten zu berücksichtigen. So kann es beispielsweise sinnvoll sein, Bohrungsdurchmesser kleiner zu wählen, um diese dann entsprechend auf den erforderlichen Durchmesser aufreiben zu können oder Dichtflächen wegzulassen, da diese dann spanend mit der erforderlichen Oberflächengüte hinzugefügt werden.

Für den Konstrukteur hat sich vor einigen Jahren ein Wandel von der 2D- zur 3D-Zeichnungserstellung vollzogen. Dadurch können Produkte schon vor der ersten Fertigung vollständig virtuell betrachtet und mögliche Problemstellen ausgemacht werden. Für die Fertigung wurde bisher jedoch immer eine 2D-Zeichnungsableitung benötigt. Der Konstrukteur ist nach der Produktentwicklung damit beschäftigt, eine 2D-Zeichnung mit allen für die Fertigung notwendigen Ansichten, Maßen, Oberflächenangaben und Toleranzen zu erstellen. Weil generative Fertigungsmaschinen mit den 3D-Daten arbeiten, ist es möglich, die Zeichnungen hier auf die Nachbearbeitung zu reduzieren oder auch ganz ohne Zeichnungen auszukommen, wenn die Toleranzen und Oberflächen im 3D-Modell beispielsweise für die Qualitätssicherung eingetragen werden können. Auch die Zusammenbauzeichnungen können reduziert werden oder entfallen. Jedoch sollte wie bisher auf einen strukturierten Produktaufbau Wert gelegt werden. Dies bedeutet, dass es sinnvoll ist, weiterhin auf Einzelteile und mehrere Baugruppenebenen zu setzen, um eine erleichterte Konstruktion, Berechnung und Simulation durchführen zu können. Dadurch lässt sich eine beträchtliche Zeitersparnis im Entwicklungsprozess erreichen (vgl. [1], S. 45f).

Ein Ziel bei der Konstruktion und Entwicklung neuer Produkte ist auch immer die Verringerung der Teilevielfalt. Durch die generative Fertigung kann erreicht werden, dass die Menge der Teile durch Zusammenfassen von Baugruppen zu einem Einzelteil reduziert wird. Weiterhin werden damit auch weniger Verbindungselemente wie Schrauben oder Stifte benötigt. Vorteile die sich aus der Verringerung der Teilevielfalt ergeben sind die Reduzierung von Bauteilen in einem System, die Reduzierung des Einarbeitungs- und Pflegebedarfs in ERP-Systemen, eine Verringerung des Bedarfs an Hilfs- und Normteilen, weniger Montagetätigkeiten, geringere Schnittstellenproblematiken, geringere Verwechslungsgefahr von Einzelteilen in der Montage und eine Reduzierung von Lagerhaltungsaufwand, Teilelogistik und Sortieraufwand. Dieser Schritt bringt neben den technischen Vorteilen also auch kaufmännische Vorteile mit sich. Eine Überlegung bei der Verringerung der Teilevielfalt ist auch die modulare Bauweise eines Produktes. Dies bedeutet, dass das Produkt aus einem Kernbauteil besteht und kundenspezifische oder standardisierte Module einfach hinzugefügt werden. Konkret wäre das beispielsweise der Rohranschlussblock eines Ventils. Hier könnte innerhalb einer CAD-Datei das Ventil mit unterschiedlichen Anschlussblöcken versehen und dann je nach Kundenbedarf eine entsprechende Konfiguration ausgewählt werden. Bei der generativen Fertigung wird das Produkt schon direkt mit dem passenden Rohranschlussblock als Teil hergestellt und muss nicht mittels Verbindungselementen und Dichtungen zusammengefügt werden. Dies spart also ebenfalls Montagekapazitäten und damit Geld (vgl. [1], S. 46f).

Die Herstellkosten bei der generativen Fertigung errechnen sich aus folgenden Prozessschritten:

- Vorbereitung der Fertigungsanlage mit Datenaufbereitung
- Fertigungsdauer
- Nachbereitung der Anlage
- Nachbearbeitung am Bauteil
- Material

Bei der gleichzeitigen Herstellung von mehreren gleichen Bauteilen innerhalb eines Fertigungsprozesses tritt ein für die generative Fertigung typischer Effekt auf. Die Vor- und Nachbereitungszeit der Anlage bleibt gleich, die Materialkosten und die Nachbearbeitungszeit am Bauteil steigen linear mit der Anzahl der Bauteile. Unstetig kann sich jedoch die Fertigungsdauer verhalten. Beim Herstellungsprozess mit schichtweisen Verfahren hängt die Dauer von der Anzahl der Schichten und der vom Laser zu belichtenden Fläche ab. Die Anzahl der Schichten bleibt gleich, wenn statt einem Bauteil mehrere hergestellt werden, ohne Bauteile übereinander zu bauen. Das bedeutet, solange in der Anlage der maximale Bauraum in x- und y-Richtung ausgenutzt wird, ohne dabei in z-Richtung weiter zu wachsen, ist dieser Kostenfaktor unverändert. Dann verlängern sich die Bauzeit und damit die Kosten nur über die zu belichtende Fläche. Somit kostet beispielsweise das erste Bauteil 300€ und bis zu einer bestimmten Anzahl jedes weitere Bauteil nur noch 120€. Muss dann übereinander gebaut werden, der Bauraum also in z-Richtung vergrößert werden, steigt auch die Anzahl der benötigten Schichten. Somit benötigt das erste Bauteil der neuen Ebene wieder länger und kostet damit mehr. Jedes weitere Bauteil innerhalb der neuen Fertigungsebene hat nur noch die Mehrkosten der längeren Belichtungszeit und damit wieder einen günstigeren Preis. Der Verlauf der Herstellkosten pro Bauteil ist stark degressiv und nähert sich asymptotisch einer bestimmten Grenze. Dieses Prinzip wird im nachfolgenden Diagramm nochmals grafisch dargestellt (vgl. [4], S. 140-144).

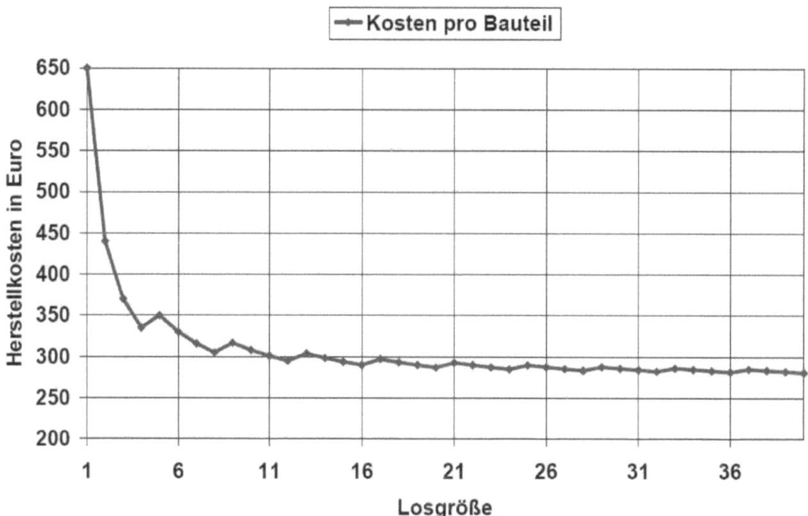

[18] Herstellkosten in Abhängigkeit von der Losgröße

6. Ausblick

Generative Fertigungsverfahren bieten jetzt und in naher Zukunft noch keine Alternative zu Massenfertigungsverfahren wie beispielsweise Kunstoff-Spritzguss. Jedoch können sie als eigener Verfahrensbereich angesehen werden, welcher neue und andersartige Konzepte ermöglicht (vgl. [1], S. 20).

In einigen Bereichen der generativen Fertigungsverfahren wird derzeit von Entwicklungs- und Forschungseinrichtungen gearbeitet, insbesondere in folgenden Bereichen:

- Optimierung des Bauprozesses
- Verbesserung der Bauteilqualität
- Entwicklung neuer Materialien und Verbesserung der bestehenden Materialien
- Reduzierung der Kosten
- Bauteiloptimierung aus konstruktiver Sicht

Generative Herstellungsverfahren unterscheiden sich stark von konventionellen Verfahren. Damit lassen sich Bauteile fertigen, die mit konventionellen Verfahren bisher nicht umgesetzt werden konnten. Allerdings ergeben sich auch bisher noch ungelöste Probleme und Herausforderungen. Dazu zählen vor allem die mechanische und thermische Stabilität der Materialien und die hohen Kosten. In Summe betrachtet überwiegen jedoch die Vorteile der generativen Verfahren. Wir dürfen damit rechnen, dass die Nachteile in naher Zukunft behoben werden und somit eine weitere Fertigungstechnologie zur Verfügung stehen wird, die uns viele neue Konstruktionsmöglichkeiten eröffnet (vgl. [1], S. 248f).

Quellenverzeichnis

Bildquellenverzeichnis

[1]   http://www.funk-maschinenbau.de/.cm4all/iproc.php/metall-3d-drucker-turbine-600x600.gif/downsize_1280_0/metall-3d-drucker-turbine-600x600.gif, abgerufen am 31.01.2017

[2]   http://www.scope-online.de/upload_weka/8770020_big_731626.jpg, abgerufen am 31.01.2017

[3]   [1], S. 18

[4]   [1], S. 36

[5]   [1], S. 32

[6]   [1], S. 28

[7]   [1], S. 30

[8]   [1], S. 31

[9]   [1], S. 37

[10]   [1], S. 34

[11]   [1], S. 38

[12]   [1], S. 27

[13]   [1], S. 56

[14]   [1], S. 129

[15]   [1], S. 131

[16]   [1], S. 132

[17]   [1], S. 137

[18]   [4], S. 144

Literaturverzeichnis

[1]   Breuninger, Jannis; Becker, Ralf; Wolf, Andreas; Rommel, Steve; Verl, Alexander (2013): Generative Fertigung mit Kunststoffen. Konzeption und Konstruktion für Selektives Lasersintern. Berlin Heidelberg: Springer Vieweg.

[2]   Speedpart GmbH: Materialdatenblatt SLS. "Online im Internet" https://www.speedpart.de/eigene_dateien/datenblaetter/materialdatenblatt-sls-speedpart_160721.pdf, 03.02.2017.

[3]   Gebhardt, Andreas (2013): Additive Manufacturing. 4. Auflage. München: Hanser.

[4]   Zäh, Michael; Hagemann, Florian (2006): Wirtschaftliche Fertigung mit Rapid-Technologien. Anwender-Leitfaden zur Auswahl geeigneter Verfahren. München: Hanser (Kostengünstig produzieren).